COLECCIÓN FILOSOFÍA INTERCULTURAL DE LA LIBERACIÓN
Fernando Proto Gutierrez & Juan Martínez Andrade (Coords.)

Fernando Proto Gutierrez

METODOLOGÍA CUANTITATIVA DE LA *PRAXIS* CIENTÍFICA

TOMO I – SECCIÓN II – PARTE II
PROCESO, PROYECTO Y DISEÑO DE LA INVESTIGACIÓN

COORDINACIÓN EDITORIAL
Agustina Issa

REVISIÓN CRÍTICA Y COLABORACIÓN GENERAL
Patricia Cruzate

COEDICIÓN INTERNACIONAL
Buenos Aires - México

Proto Gutierrez, Fernando
Metodología cuantitativa de la praxis científica. Buenos Aires, México: Arkho Ediciones, Revista y Casa Editorial Analéctica, 2024. 96 pp.; 15.24 x 22.86 cm. – (Filosofía Intercultural de la Liberación, T1, S2, P2)

ISBN: 979-833-64-3183-4
CDD: 501

Primera edición: julio de 2024
Distribución mundial

Arkho Ediciones – www.arkhoediciones.com
Casa Editorial y Revista Analéctica – www.analectica.org

Coautorías
        Caso de estudio (1): Berendorf, J.
        Capítulo iv: La Ferraro, N. L.

Se prohíbe la modificación, reproducción y fotocopiado total o parcial del contenido de la obra, incluyendo imágenes o gráficos, por cualquier medio, método o procedimiento, sin la autorización por escrito de los autores.

    ®Arkho Ediciones 2024 - Todos los Derechos Reservados. Registro
        Editorial: RL-2017-23569986-APN-DNDA#MJ.

ÍNDICE

Capítulo I
Los presupuestos epistemológicos de la investigación cuantitativa

    1. Cuestiones generales 7

    1.1 Antecedentes paradigmáticos de la *metrización* 7

    1.2. Caso de estudio (1). Naturalización del psiquismo: el positivismo como modelo epistemológico del pensamiento de José Ingenieros .. 11

Capítulo II
Técnicas de muestreo 18

    2. Cuestiones generales 18

    2.1 Selección de muestra y muestreo 18

Capítulo III
Instrumentos de medición de datos 28

    3. Cuestiones generales 28

    3.1 Características de los instrumentos de medición en estudios cuantitativos 28

    3.2 Clasificación de los instrumentos 32

Capítulo IV
Procesamiento y análisis de datos cuantitativos 38

    4. Cuestiones generales 38

    4.1. Caracterización general del procesamiento 38

Nota del autor

Esta es la Parte II de la Sección II del Tomo I, no tiene otro objetivo más que complementar la *Metodología general de la praxis científica*, especificando aspectos propios de los diseños estructurados con abordaje cuantitativo. En este sentido, se ofrecen conceptos ineludibles que la bibliografía ha elaborado para el desarrollo de propuestas de investigación que persiguen la realización de este enfoque.

El libro ha sido revisado por Patricia Cruzate, docente e investigadora del Departamento de Ciencias de la Salud de la Universidad Nacional de La Matanza. La brevedad del texto se explica por ser éste mismo *ad hoc* de los cap., III y IV de la *Metodología general*, así como del *Manual de estadística aplicada a la psicología* escrito por Preuss, M. Gruppi, R. Ferrero, F. y Arruabarrena, L. (2024), en particular, con todo aquello relacionado con el procesamiento de datos.

Capítulo I
Los presupuestos epistemológicos de la investigación cuantitativa

1. Cuestiones generales

En este cap., se presentan, en forma tangencial y general, los fundamentos epistemológicos de la investigación cuantitativa, cuya versión moderna tiene su origen en la reducción metodológica y ontológica galileana a la geometría pura, descrita por Husserl (2009). El cap., se articula en dos apartados, de los que el primero genera una aproximación a los antecedentes paradigmáticos, en particular, al positivismo, mientras que el segundo ofrece un caso de estudio histórico referido a la *naturalización del* psiquismo a partir del intento de José Ingenieros de fundar una escuela de psicología experimental en Argentina.

1.1 Antecedentes paradigmáticos de la *metrización*

1.1.1. *Definición de medición*: la *metrización* se refiere, por su etimología μέτρον (medida), a la cuantificación *de las dimensiones*[1] *de las variables de un fenómeno* según un supuesto paradigmático (en el *marco* teórico) previamente definido (conceptual y procedimentalmente). Por ejemplo, al *medir* la *longitud* de un objeto con un cierto instrumento (definición operacional: una regla, construida a partir del Sistema Internacional de Unidades), se cuantifica su dimensión en términos de espacio.

La falibilidad y pluralidad de los supuestos paradigmáticos (véase TOMO I, SECCIÓN I, PARTES I y II) explica las diversas formas sociohistóricas de *medir*, en concordancia con criterios múltiples construidos, en principio, por medio de *correspondencia biunívoca* o

---

[1] Medición de las *dimensiones (subvariables) de la variable, a través de las escalas que determinan a las categorías (o niveles de variación de la variable)* (véase cap., IV., TOMO I, SECCIÓN I, PARTE I)

correspondencia uno a uno:

> El objeto observado es el centro, el blanco de la atención visual del hombre primitivo, y la desaparición de este objeto lleva consigo la pérdida inevitable del estímulo, la ausencia del número. El recuerdo de un objeto hace referencia a la forma de una imagen y no a la idea del número. A partir de estas rudimentarias observaciones, el hombre primitivo extrae gradualmente la idea de comparación y asocia, a cada objeto observado, un signo, una cosa que le sea familiar. Puede así utilizar "correspondencia biunívoca" para asociar a una colección de objetos observados un grupo de signos o de cosas. (Collete, 1985, p.6)

Los signos empleados para establecer la *correspondencia* pueden ser diversos, en función de las comunidades que los elaboran: guijarros, dedos, huesos, o bien *números*, en lenguajes articulados con diversos grados de abstracción y usos prácticos[2].

1.1.2. *Correspondencia biunívoca y medición*: la *correspondencia biunívoca* implica que cada elemento del conjunto A se relaciona con un solo elemento de B, y cada elemento de B se relaciona con un solo elemento de A. Por ejemplo, dados los conjuntos A = {a, b, c} y B = {1, 2, 3}, una correspondencia biunívoca entre estos conjuntos podría ser: a → 1 b → 2 c → 3. En este caso, cada elemento de A se encuentra relacionado con un único elemento de B, y viceversa, lo que cumple con la definición de *correspondencia biunívoca*.

La *metrización* y la *correspondencia biunívoca* se intervinculan, pues ambas buscan establecer relaciones precisas y definidas: la *medición* implica la comparación de una cantidad (representada por números) desconocida con una cantidad conocida de la misma *magnitud* (propiedad física, susceptible de ser medida y expresada matemáticamente), que se toma como unidad de medida (por ejemplo, con la escala Celsius o Fahrenheit). Este proceso implica establecer una *correspondencia biunívoca* entre los números (por ejemplo, valores de temperatura) y las magnitudes que se están midiendo (en la

---

[2] Nkogo Ondó (2010) considera al hueso de Ishango, que data del Paleolítico Superior (hacia el 35.000 a. C.) como el artefacto de industria osteológica más antiguo que se conoce, en el que puede apreciarse uno de los primeros usos de la correspondencia biunívoca.

escala del termómetro). Esto significa, ejemplarmente, que *cada valor de temperatura se corresponde únicamente con un valor de la escala del termómetro y cada valor de la escala del termómetro se corresponde únicamente con un valor de temperatura*. En este sentido, la *correspondencia biunívoca* es fundamental para establecer el proceso de metrización, esto es, la relación de equivalencia entre las magnitudes que se miden y los números que las representan.

1.1.3. *Marco teórico y medición cuantitativa*: al considerar la delimitación temporal de las fases de desarrollo científico formulada por Pardo (2000) (véase cap., II., TOMO I, SECCIÓN I, PARTE I), se especificaban: un *paradigma premoderno, moderno* y *actual*. Con esto, es posible *yuxtaponer* el hecho por el que, generalmente:

a) Las matemáticas premodernas presentaban un carácter *cualitativo*, esto es, que la *correspondencia biunívoca* primaria establecía una cierta relación entre números y símbolos (por ejemplo, el número "uno" había de significar la *unidad divina*) mientras que,

b) Desde la modernidad europea, el carácter *cuantitativo* conducía a *metrizar* los fenómenos observables de la naturaleza, por efecto del desarrollo del método científico.

c) Sin embargo, en el *paradigma postempirista actual* es factible revisar la tradición historiográfica por la que le atribuye mayor *exactitud* al lenguaje matemático-formal de las ciencias naturales, para indicar que, en éstas, los datos[3] o hechos son reconstruidos a partir de determinadas interpretaciones marco-teóricas que determinan su significado. En otras palabras, la reducción del dato o hecho empírico al proceso de cuantificación carece de sentido sin la previa determinación de un marco teórico que ofrezca significado sobre la relación de correspondencia que se pretende establecer (véase cap., II.,

---

[3] En los abordajes cuantitativos "el dato es la expresión concreta que simboliza una realidad. Esta afirmación se sustenta en el principio de que lo que no se puede medir no es digno de credibilidad. Por ello, todo debe estar soportado en el número, en el dato estadístico que aproxima a la manifestación del fenómeno. El paradigma que adscribe a este enfoque concibe a la ciencia como una descripción de fenómenos que se apoya en los hechos dados por las sensaciones" (Stracuzzi et al., 2006, p.39)

Tomo I, Sección I, Parte I)[4]:

1.1.4. *Reducción galileana de la naturaleza*: con respecto a la comprensión moderna de ciencias (b), Husserl (2009) indica que la *matematización* de la naturaleza supone que el mundo es *predado* científicamente en la experiencia sensible:

> ¿No hay un contenido en las apariciones mismas que debemos atribuir a la verdadera naturaleza? A ese contenido corresponde -describo sin yo mismo tomar posición- lo "obvio" que motivó el pensamiento de Galileo, todo lo que en la evidencia de la absoluta validez universal enseña la geometría pura y en general la matemática de la pura forma espacio-temporal, respecto de las formas puras que idealmente se pueden construir en ella" (Husserl, 2009, p.66).

La reducción galileana de la experiencia sensible a la formalización supuso, por tanto, la idealización de las formas puras. Por esto, Husserl (2009) subraya la relevancia del *arte de medir* como actividad precursora en la reducción de "lo dado" a la geometría universal, es decir, en cuanto medio para la técnica y para la comprensión de un *naturalismo fisicalista* en el que bien valía la inscripción epistémico-ontológica de un dualismo que diferenciaba, en forma taxativa, la realidad natural-objetiva-exterior respecto de la realidad intrapsíquica o subjetiva de la consciencia, sin excluir la posibilidad de *naturalización de lo psíquico*. En este esquema:

> En sí el mundo es, según se dice verlo apodícticamente, una unidad sistemática racional, en la que todos los detalles hasta el último deben ser determinados racionalmente. Su forma de sistema (su estructura esencial universal) ha de ser alcanzada, ya de antemano lista y conocida

---

[4] Según Laso (2000): "El conocimiento producido por el método científico no es un mero resultado del mismo sino de la relación del método con el marco teórico desde donde se inteligue y emplea el método. Método que está siempre confundido con conceptos valores y teorías que se sirven de él y con los que los conocimientos se elaboran. La observación, descripción y medición de ciertos hechos no es independiente de la matriz teórica desde donde se recorta la realidad considerada. Así, por ejemplo, antes de Galileo, la física medieval no consideraba los hechos desde el cálculo formal, si bien se realizaban observaciones, descripciones y mediciones. El modo de determinación medieval de los hechos en tanto observables y medibles es diferente del modo como lo hace la ciencia moderna" (Laso, 2000, p.117)

por nosotros, en la medida en que ella, en todo caso, es puramente matemática. (Husserl, 2009, p.108)

De esta manera, la *metrización galileana* supuso la posibilidad de establecer las bases epistemológicas de un *abordaje cuantitativo de investigación*, que fuera considerado por el *positivismo* moderno como modelo para toda disciplina, en función de un criterio por el cual se comprendía que, *a mayor grado de matematización/cuantificación, mayor grado de cientificidad*[5]. La medición de la aparente regularidad de los fenómenos naturales permitía, desde este supuesto paradigmático, establecer (co)relaciones causalísticas con *alcance explicativo* (véase cap., IV, TOMO I, SECCIÓN II, PARTE I), a través de un lenguaje matemático exacto por el que se suponía *neutra* la relación del observador con una realidad escindida y externa a éste (lo que determinó una cierta contraposición entre las "rutas" cuantitativa y cualitativa en: Hernández Sampieri (2018, pp.12-14).

Además, las regularidades producidas en el *campo* podían ser replicadas artificialmente en el *laboratorio*, propiciando el control y manipulación de las variables, así como la *repetición de la observación* como fuente *inductiva* de validación de los resultados. En definitiva, el abordaje cuantitativo contribuía a asegurar el establecimiento satisfactorio de relaciones causales, por medio del control interno y externo de la investigación, con el que el positivismo apelaba a garantizar una mayor validez y confianza de los resultados obtenidos.

1.2. Caso de estudio (1). Naturalización del psiquismo: el positivismo como modelo epistemológico del pensamiento de José Ingenieros

Este ap., ha sido escrito en co-autoría con Jazmín Berendorf y

---

[5] "El paradigma con enfoque cuantitativo se fundamenta en el positivismo, el cual percibe la uniformidad de los fenómenos, aplica la concepción hipotético-deductiva como una forma de acotación y predica que la materialización del dato es el resultado de procesos derivados de la experiencia. Esta concepción se organiza sobre la base de procesos de operacionalización que permiten descomponer el todo en sus partes e integrar éstas para lograr el todo" (Stracuzzi et al., 2006, p.40)

publicado en el año 2016, en FAIA. Se incorpora a este libro como *caso de estudio histórico* acerca de la comprensión fisicalista de la dimensión psicosocial que el positivismo tuvo, a propósito de la posibilidad de extender el método *moderno* de las ciencias naturales a la órbita de las ciencias humanas.

1.1.5.1. *El positivismo europeo*: el positivismo francés es la principal influencia de la filosofía positivista en Argentina. Surge simultáneamente junto con la filosofía hermenéutica y la fenomenología (en los estudios de Scheleimaher, Brentano y Husserl), y como una reacción en contra del concepto hegeliano de sistema absoluto, cuya dialéctica suponía la completa inteligibilidad de la realidad.

Los principales referentes del positivismo francés fueron Comte y Durkheim, quienes, fundándose en la posibilidad de experimentación científica de la mente, construyeron un paradigma de comprensión sociológica, biológicamente determinista del individuo. De acuerdo con ello, Comte sistematizó tres estadios en el proceso de evolución humana:

a) *Religioso*: caracterizado por actividades mentales prelógicas y supersticiosas.
b) *Metafísico*: en el que la especulación filosófica implica procesos de inferencia deductivista no experimentales.
c) *Positivo*: en el que la contrastación científica funda las posibilidades de ordenación y progresiva sistematización del conocimiento y evolución social[6].

> Comte imaginó un esquema clasificatorio y jerárquico de las ciencias en las que éstas se desarrollaban y se sucedían históricamente de acuerdo con la complejidad de los objetos de estudio que abordaban. Los fenómenos sociales eran considerados los más complejos, y por esta razón la sociología había sido la última ciencia en desarrollarse. La sociología era

---

[6] Las fases fueron asimiladas por Sarmiento, a partir de la disyunción excluyente "civilización-barbarie", que vertebró el pensamiento argentino durante la segunda mitad del siglo XIX.

considerada por Comte como una *física social* en la que el hombre es un objeto físico cuyas acciones pueden ser analizadas con los conceptos y las categorías de la mecánica (Luque, 2000, p.228)

Por su parte, Durkheim suponía el carácter *organicista* de la sociedad, comprendida ésta como un "cuerpo" en torno al cual el *científica social* debía observar las relaciones funcionales, manifiestas como "hecho social". Por ello, una *psicología de las razas* podía sostenerse en un modelo experimental, dado que: "Existe una manera de aislar casi por completo el factor psicológico para poder precisar el alcance de su acción, buscando de qué modo afecta la raza a la evolución social. En efecto, los caracteres étnicos son de orden orgánico-psíquico. La vida social debe, pues, variar cuando ellos varían, si los fenómenos psicológicos ejercen sobre la sociedad la eficacia causal que se les atribuye" (Durkheim, 1997, p.161).

El positivismo psicologista utilizaba, de este modo, la experimentación y la comprobación empírica como metodología de verificación filosófico-científica, tal como se vislumbra en la escuela psicológica-experimental de Wundt, quien fundara en Leipzig el primer laboratorio de *psicología experimental* como metodología de observación clínica

1.1.5.1. *Enfoques patológico-clínico y genético-funcional*: es preciso diferenciar, en el origen de la psicología experimental, dos vertientes que convergen en el tratamiento de las *disfuncionalidades* del sujeto, a saber:

a) *Enfoque patológico-clínico*: propio de la escuela francesa, y cuyos referentes fueron Janet, Charcot y Dumas, que proponían una dimensión fisiológica e instintual.

b) *Enfoque genético-funcional*: aplicado a la criminología, cuyo referente fue Wundt.

Félix Krueger investigó en la Universidad de Halle junto a Hermann Ebbinghaus, y en Leipzig con Wundt. Allí, desarrolló una corriente crítica a la psicología de la Gestalt, a partir de la psicología estructuralista. En 1907, dictó en la Facultad de Filosofía y Letras de la Universidad de Buenos Aires un curso vinculado al estudio de los procesos mentales superiores aplicado a disciplinas sociales y pedagógicas, el cual se creó para complementar un primer curso especializado en el estudio fisiológico-clínico. Ello fue de relevancia, dado el antecedente establecido por Horacio Piñero, quien, en 1901, siendo Decano el doctor Miguel Cané, "dictó un curso libre de psicología (…) con criterio experimental en lo fisiológico y clínico en lo patológico" (Villaseñor, s/a, p.28).

Ya en 1908, José Ingenieros era nombrado profesor de la cátedra, desplazando la propuesta estructuralista de Krueger y retomando la perspectiva fisiológico-clínica en la práctica de los métodos experimentales[7]. De acuerdo con las perspectivas del positivismo europeo y a los enfoques propios de las escuelas psicológicas experimentales, Ingenieros "pone precisamente de relieve los aspectos filogenéticos y morfogenéticos de la evolución de la materia, aspectos estos generalmente marginados por los positivistas europeos" (Soler, 1979, p.99).

En cuanto *metafísica de la experiencia*, el positivismo de Ingenieros se fundaba en un *monismo naturalista* como manifestación estricta del cientificismo comtiano, de manera tal que constituía un método de unificación rigurosa entre filosofía y ciencia, lo que contribuía a mejorar la adaptación de los grupos sociales al medio en el que vivían. Tal y como se explicita en *La simulación de la lucha por la vida,* en referencia a Darwin: "Algunos individuos pueden vivir inadaptados al medio, eludiendo la simulación. Los hombres se adaptan mejor al medio en el cual luchan por la vida, cuanto más han desarrollado su aptitud a simular" (Ingenieros, 1956, p.15). Y en el orden de la distinción entre filosofía y ciencia: "La filosofía tiende a ser una generalización de las generalizaciones: El método filosófico tiende a ser una crítica de las críticas y una hipótesis de las hipótesis. Toda filosofía debe ser una verdadera metafísica de la experiencia" (Ingenieros, 1924, p.15). Por esto, la psicología debía conducirse por medio de bases biológicas a través de la experimentación, con el fin de formular hipótesis sobre la formación de la materia, de la

---

[7] En 1911, es nombrado titular de dicha cátedra.

personalidad consciente y de las funciones del pensar: "Ingenieros afirma que la conciencia es una función determinada por el desarrollo natural y continuo del individuo" (Soler, 1979, p.100) con lo que vinculaba el psiquismo a las condiciones de desarrollo filogenético y ontogenético.

La experiencia consciente se constituía en relación con un aspecto objetivo-externo de la sensación (la *excitación*), que permitía la formación de las funciones psíquicas de acuerdo con los diversos grados de evolución/desarrollo onto-filogenética. Así, este monismo naturalista admitía un concepto evolucionista, funcional y unitivo de la personalidad, que dependía intrínsecamente de la unidad fisiológica y de la continuidad de la experiencia. La psicología biológica debía fundarse en la posibilidad de *medición* del complejo psico-físico, a fin de determinar el carácter de sus excitaciones y las condiciones de las funciones conscientes:

> Si pudiera medirse la mentalidad humana, los valores individuales graduaríanse en escala continua, de lo bajo a lo alto. Entre los tipos extremos existe una masa compacta de sujetos, más o menos similares, coincidentes en los términos centrales de la serie; en vano buscaríamos allí al representante del llamado Hombre normal (Ingenieros, 2003, p.50)

Ingenieros acordaba, entonces, con la perspectiva darwiniana, en orden a observar que la experiencia filogenética, ontogenética y sociogenética constituían los ejes a partir de los cuales comprender el proceso de adaptación del hombre al medio. En este contexto, era tarea de la sociología natural estudiar la evolución de los diversos grupos humanos (razas, naciones, tribus) en medios físicos heterogéneos, pues:

> La evolución humana es una continua variación de la especie bajo la influencia de medio en que vive. Por ser una especie viviente, está sometida a leyes biológicas" (Ingenieros, 1988, p.16), de modo que el individuo se hallaba subsumido a la selección, según el grado de maduración que sus funciones conscientes alcanzaban, según el nivel de excitación como fuente de experiencia: "El principio darwiniano se

repite, bajo mil formas, en el mundo social" (Ingenieros, 1988, p.16).

1.1.5.2. *El hombre mediocre*: Ingenieros vinculaba la *adaptación* a las costumbres sociales, en tanto afirmaba que hay individuos que se adaptan al medio conforme al sentido común colectivo, siendo incapaces de un pensamiento original, mientras que hay *individuos superiores* que tienen la capacidad de formarse un ideal y promueven el progreso social:

> La individualidad se introduce entonces de la mano del genio, el héroe moral, que se opone a la moralidad servil de los mediocres como perteneciendo a dos razas diferentes, a dos mundos morales. Al principio, sólo el genio, define y plasma el ideal y es comprendido por el pequeño núcleo de espíritus sensibles al ritmo de la nueva creencia. El individualismo de Ingenieros es elitista y juvenilista" (Vermeren, 1998, p.10).

Por ello, el hombre incapaz de *imitar* –animal humano– (por herencia biológica) permanece como *inferior* respecto de la sociedad en que vive; el *imitador social* de ideales se constituye en mediocre y "es una sombra proyectada por la sociedad; es por esencia imitativo y está perfectamente adaptado para vivir en rebaño" (Ingenieros, 1988, p.18), mientras que el promotor de ideales determinado por la variación es un hombre superior "es original e imaginativo, desadaptándose del medio social en la medida de su propia variación. (…) constituyendo las aristas singulares del alma individual que lo distingue dentro de su grey. Es idealista, precursor de nuevas formas de perfección" (Ingenieros, 1988, p.58),

El hombre mediocre se transformó en una lectura obligada de la juventud universitaria argentina, que vería en la concepción del *hombre superior* la posibilidad de determinar la transformación y el progreso social, de acuerdo con la posibilidad de creación de nuevos valores. "Ingenieros aparece como el maestro de una generación que en 1928 echa a rodar en Córdoba los vientos argentinos de la reforma universitaria" (Vermeren, 1998, p.73).

La psicología experimental se constituía en la metodología a partir de la cual explicar la superioridad de la *raza argentina*, así como de legitimar estrategias de dominación social con criterios de cientificidad afincados en un positivismo, que la comunidad científica adoptaba como propio.

Capítulo II
Técnicas de muestreo

2. Cuestiones generales

Este cap., debe leerse como la consecuencia inmediata de la elección de un diseño estructurado (observacional o experimental), con alcance descriptivo, correlacional, analítico o explicativo. Por esto, constituye el apartado posterior al cap., IV., del Tomo I, Sección II, Parte I, en particular, a 4.5. "Determinación de universo, población, unidad de análisis y muestra".

El abordaje cuantitativo precisa de *variables*, en cuanto conceptos que se aplican como propiedad de ciertas *unidades de análisis*, siendo estas últimas seleccionadas según determinadas *técnicas de muestreo*.

2.1 Selección de muestra y muestreo

Las definiciones conceptuales de este apartado, como se ha dicho, ya han sido presentadas en el cap., IV., del Tomo I, Sección II, Parte I, por lo que se proseguirá con la dimensión procedimental del trabajo de selección de las unidades de análisis. En este caso, se agrega la comprensión *hegeliana* que propone Samaja (2015) de "muestra":

> Podemos decir, entonces, que cualesquiera sean los materiales que se estudien, en tanto se los estudie científicamente, ellos son una parte (= muestra) de un todo mayor (universo) y, en consecuencia, aquellos materiales importan en tanto nos proporcionan conocimiento de su universo o constituyen *una realización* de este Universo o una evidencia acerca de una presunta característica de éste. Conforme a lo dicho, una definición general de "muestra" es la siguiente: "muestra es cualquier subconjunto de un universo bien definido" (Samaja, 2015, p.265)

2.1.1. *Diseño del plan de muestreo*: con la determinación del universo (finito o infinito) y población del estudio, es preciso practicar una *planificación del plan de muestreo*, con el que se pretende hallar el *n*, según se busque que la muestra sea representativa o no se lo busque: "Algunos autores coinciden en señalar que una muestra del 10, 20, 30 o 40% es representativa de una población. Pero si dentro de ésta coexisten sujetos con distintas características, la muestra deberá representarlos en idénticas proporciones a las que poseen dentro de la totalidad" (Stracuzzi et al., 2006, p.39). Por esto, el diseño requiere:

a) Reconocer el marco muestral:

> Este constituye un marco de referencia que ... permite identificar físicamente a los elementos de la población, la posibilidad de enumerarlos y, por ende, de seleccionar las unidades muestrales (…) Normalmente se trata de un listado existente o padrón que es necesario confeccionar especialmente para la investigación, con las unidades de la población" (Hernández Sampieri, 2018, p.210).

b) Escoger un método: probabilístico o no probabilístico.
c) Seleccionar los procedimientos de selección de las unidades de análisis/información.
d) Especificar el tamaño de la muestra: "Suele ser menor, cuanto mayor sea la frecuencia con que ocurre la característica, factor o fenómeno que se estudia en la población, más homogénea sea su distribución en esta y menor sea la precisión que se desea obtener en nuestros resultados" (Ariovich, 2020, p.18).

Ello conduce a obtener la *muestra o n* (consistente en las *unidades de muestreo* incluidas, según procedimiento de selección); *unidad de muestreo y fracción de muestreo o f*: ésta última, relaciona el tamaño de la muestra con el de la población, por lo que, si el tamaño de la población es 1.000 y el de la muestra es 100, $f = n/N$.

2.1.1.1. *Método probabilístico*: en general, los abordajes cuantitativos pretenden lograr la representatividad de la muestra (como subgrupo de la población), con la finalidad de *generalizar* los resultados. Por ejemplo, si se desea estudiar el rendimiento académico promedio de los estudiantes de una universidad a la que asisten 10,000 alumnos (universo finito), sería factible diseñar una *muestra probabilística* de 500 estudiantes que se consideraría *representativa* si:

a) Estos fueran escogidos en forma aleatoria, es decir, si cada uno de ellos, como unidades de análisis, hubiera tenido las mismas posibilidades de ser seleccionados para el estudio
b) Una vez seleccionados, presentaran una variedad de características consistentes con la diversidad de la población universitaria en términos de género, edad, carreras cursadas, etc.

Por ello: "En las muestras probabilísticas todas las unidades, casos o elementos de la población tienen al inicio la misma posibilidad de ser escogidos para conformar la muestra y se obtienen definiendo las características de la población y el tamaño adecuado de la muestra, y por medio de una selección aleatoria de las unidades de muestreo" (Hernández Sampieri, 2018, p.200).

Los métodos probabilísticos presuponen que la frecuencia relativa de un fenómeno se aproxima más a su probabilidad teórica, en la medida en que se incrementa el número de experiencias que se realizan. En otras palabras, *cuanto mayor es el número de observaciones empíricas, mayor probabilidad hay que éstas se ajusten a las predicciones teóricas establecidas, previamente, en las hipótesis básicas del marco teórico o en hipótesis sustantivas/de trabajo*. De este modo, los estudios que emplean muestras probabilísticas garantizan una mayor confianza en los resultados obtenidos, minimizando el sesgo y maximizando la representatividad. Entretanto, es posible distinguir los siguientes *procedimientos de selección*:

a) *Muestra aleatoria simple*: cada miembro de N tiene la misma probabilidad de ser seleccionado para formar parte de n. Es el método más básico y común de muestreo probabilístico. Por ejemplo, puede asignarse a cada miembro de N un número único y luego instrumentar un generador de números aleatorios para seleccionar al azar a las unidades de análisis. Este procedimiento es susceptible de ser aplicado en estudios de alcance:
    II. *Descriptivo*: para ofrecer una caracterización precisa de las variables
    III. *Analítico*: para comparar grupos o examinar

relaciones entre variables.

IV. *Explicativo*: en orden a aleatorizar la asignación de los participantes a grupos experimentales o de control.

a) Muestra estratificada: se aplica a partir de la división de la población en subgrupos (o estratos, mutuamente excluyentes), basados en ciertas características relevantes. Luego se selecciona una muestra aleatoria simple de cada estrato, lo que asegura la representatividad de cada estrato en la muestra final. Por ejemplo, sería factible determinar las características socio-ocupacionales del personal de salud de una institución hospitalaria, estratificando a la población según se trate de enfermeros, médicos, psicólogos, nutricionistas, kinesiólogos, obstetras, etc. Se utiliza en estudios de alcance:

I. *Descriptivo*: para determinar variaciones en la distribución de frecuencias específicas para cada grupo.

II. *Analítico*: para comprender de un modo más satisfactorio las relaciones causales, en el contexto de la comparación entre grupos.

b) *Muestra sistemática*: las unidades de análisis son elegidas a partir de un sistema o patrón predefinido por el investigador. Por ejemplo, pueden seleccionarse cada décimo de pacientes que asisten a una guardia hospitalaria, durante un tiempo de 8 horas. Se puede emplear en estudios de alcance:

I. Descriptivo: en orden a caracterizar la distribución de una variable de interés.

II. *Analítico*: ya que permite realizar análisis estadístico y comparaciones entre grupos, con mayor satisfacción en lo que respecta a la representatividad de la muestra.

III. *Explicativo*: pese a que su uso en experimentos

no es extendido, puede permitir la selección de unidades de análisis en una población cuyo tamaño es grande.

c) *Muestra por conglomerados*: consiste en dividir la población en subgrupos llamados *conglomerados*, cada uno de los cuales existe en un territorio específico (provincia, municipio, barrio, manzana), aplicándose un posterior muestreo aleatorio simple a cada uno: "A diferencia del muestreo estratificado, en el que los subgrupos son homogéneos en su interior, en el muestreo por conglomerados, resultan conjuntos heterogéneos" (Ariovich, 2020, p.19). En estudios de alcance:

I. *Exploratorio*: puede contribuir a explorar diferencias entre grupos geográficos o sociales.

II. *Descriptivo*: contribuye a detectar las características de las variables, en función del territorio en el que se establecen los grupos.

III. *Analítico*: permite controlar la relación causal de las variables, de acuerdo con el comportamiento de estas en cada grupo.

Las variables *contextuales constantes o comparativas* pueden ser características comunes en un conglomerado. Por ejemplo, en un estudio sobre rendimiento escolar en diferentes escuelas (rurales y urbanas), las escuelas mismas podrían constituirse en los conglomerados.

2.1.1.2. *Método no probabilístico o dirigido*: a diferencia de los anteriores, en estos métodos la selección de las *unidades de análisis* está reducida a la intervención del juicio del investigador, por lo que los resultados no son representativos de *N* y, por lo tanto, no pueden ser generalizados. Se clasifican, en general, los siguientes procedimientos:

a) *Muestreo de conveniencia*: consiste en seleccionar a las unidades de análisis de acuerdo con su disponibilidad o accesibilidad.

b) *Muestreo por juicio o experticia/intencional o selectivo*:

obedece a los saberes previos del investigador para seleccionar los elementos de la muestra. Por ejemplo, un experto en *marketing* que estudia los hábitos de compra de adolescentes podría seleccionar tiendas minoristas para realizar observaciones directas basadas en su conocimiento del mercado.

c) *Muestreo de bola de nieve*: las unidades de análisis son las que se constituyen, además, en una unidad referencial a otros participantes de la muestra. Este tipo de muestra se da, por ejemplo, en comunidades de difícil acceso, en las que es preciso detectar agentes clave que permiten construir la red remisional.

d) *Muestreo por cuotas*: se establecen grupos que reflejen ciertas características de interés en proporciones predeterminadas. A diferencia del muestreo probabilístico estratificado, la división de la población no se realiza de manera aleatoria ni se garantiza que los grupos sean homogéneos. Además, las unidades de análisis son asignadas manualmente a cada grupo hasta alcanzar una cuota predeterminada para cada categoría, por lo que no hay muestreo aleatorio simple y, en consecuencia, la muestra resultante puede estar sesgada si los grupos no están representados correctamente en la población.

e) *Muestreo incidental*: las unidades de análisis se incorporan en ausencia de todo plan o método sistemático

Este tipo de muestreo debe considerarse el más habitual en estudios de alcance exploratorio, pues, dado que su objetivo no consiste en la generalización, sino en familiarizarse con hechos poco conocidos o en producir nuevas ideas o hipótesis:

> De acuerdo con la clasificación de los tipos de muestra que Galtung presenta en la página 57 del primer tomo de su libro, (1978), las investigaciones exploratorias producirán muestras predominantes del tipo de las muestras *finalísticas* y no del tipo de las muestras *probabilísticas*. En efecto, es más razonable no dejar al azar los sujetos de estudio sino escogerlos deliberadamente según ciertas características

relevantes para los fines de la investigación (Samaja, 2015, p.272)

2.1.2. *Cálculo de tamaño muestral en procedimientos probabilísticos*: se describen, a continuación, las fórmulas de cálculo de tamaño, según los tipos de procedimientos definidos anteriormente:

a) *Muestreo aleatorio simple*: se emplea la fórmula modélica en la que:

$$n = \frac{Z^2 \cdot p \cdot (1-p)}{E^2}$$

n = tamaño de la muestra necesario.
Z = valor crítico de la distribución normal estándar para el nivel de confianza deseado (por ejemplo, Z = 1.96 para un nivel de confianza del 95%).
p = proporción estimada de la población (se utiliza 0.5 para maximizar el tamaño de la muestra[8]): "El porcentaje estimado de la muestra (*Estimated Percentage Level*) es la probabilidad de ocurrencia del fenómeno (representatividad de la muestra o no representatividad), la cual se estima sobre marcos de muestreo previos" (Hernández Sampieri, 2018, p.204).
E = margen de error aceptable (0.05).

Por ejemplo, si se deseara conocer la proporción de estudiantes que accede a políticas de protección social en una universidad con una población de 3.550 estudiantes, a sabiendas que, según estudios previos esto se acercaría al 85% del alumnado:

$$n = \frac{1,96^2 \cdot 0,85 \cdot (1 - 0,85)}{0,05^2}$$

---

[8] El valor 0.5 se utiliza para estimar la proporción de la población cuando no se tiene un conocimiento estricto de la proporción real. P = 0.5 representa la situación más incierta y, por lo tanto, ofrece el tamaño de muestra más grande posible para un margen de error y nivel de confianza dados. Si, en cambio, existieran datos sobre la población, la estimación podría ser más precisa; en este sentido, si se encontrara en la bibliografía que, por ejemplo, el 70% de los estudiantes accede a políticas de protección social, P=0.7 se convertiría en una estimación más precisa para el cálculo final de la muestra.

n = 195,76

De esta manera, para estimar la proporción de estudiantes que accede a políticas de protección social en una universidad con una población de 3,550 estudiantes, un nivel de confianza del 95% y un margen de error del 5%, debieran seleccionarse a alrededor de 196 estudiantes.

b) *Muestreo sistemático*: la fórmula modélica para el caso sería:

$$n = \frac{N}{N/n}$$

Donde:

n = tamaño de la muestra deseado.
N = tamaño de la población total.

De este modo, si pretende aplicar una encuesta sobre satisfacción a pacientes en un hospital al que asisten 2000 personas, con una muestra sistemática en la que *n = 200*, entonces, debieran encuestarse a 10-0 unidades de análisis.

c) *Muestreo estratificado*: si se considerara la variable "Nivel de ingreso promedio", categorizándose: "bajo", "medio" y "alto", los estratos podrían ordenarse del siguiente modo, según cantidad de población:

Bajo   1,000   UA
Medio   2,000   UA
Alto   2,000   UA
Total   5,000   UA

En tanto, si se desea una muestra total de 400 unidades de análisis, se calcula para cada estrato por muestreo aleatorio simple:

$$\text{Bajo: } n_1 = \frac{1000}{5000} \cdot 400 = 80$$

$$\text{Bajo: } n_2 = \frac{2000}{5000} \cdot 400 = 160$$

$$\text{Bajo: } n_3 = \frac{2000}{5000} \cdot 400 = 160$$

d) *Muestreo por conglomerado*: los pasos para la determinación del tamaño muestral requieren de la determinación del tamaño promedio de los conglomerados. Así, por ejemplo, si se realiza un estudio sobre rendimiento académico en 10 escuelas (conglomerados) a las que asisten un promedio de 200 estudiantes, será preciso indicar:

I. *El tamaño promedio de los conglomerados*: en este caso, representado por el promedio de estudiantes de cada escuela.

II. El número de conglomerados requeridos será igual al número de escuelas disponibles en la región, es decir: 10.

III. El tamaño de la muestra total deseado, que resulta del producto del número de conglomerados y el tamaño promedio de los conglomerados, consistente en 2000 estudiantes.

IV. El efecto de diseño, efecto de agrupamiento o de clúster, que es empleado para ajustar el tamaño de la muestra y garantizar estimaciones válidas a los fines de lograr representatividad. Debido a la mayor similitud al interior de los conglomerados y la mayor variabilidad entre ellos, el tamaño de muestra requerido suele ser mayor que en el muestreo aleatorio simple, por lo que el efecto de diseño es mayor que 1. De este modo, si el tamaño de la muestra deseado consiste en 200 estudiantes y se aplica un efecto de diseño de 1,5 la variabilidad entre escuelas aumenta en un 50%, alcanzándose los 3000 estudiantes.

La selección del método de muestreo, procedimiento y cálculo muestral depende de la previa adopción de un diseño estructurado cuantitativo, a la vez que requiere de una exploración sistemática de bibliografía tal que permite una determinación más satisfactoria de la proporción estimada de la población, en el caso del muestreo aleatorio simple, o de las respectivas poblaciones en los conglomerados:

> Los estudios exploratorios regularmente emplean muestras dirigidas, aunque podrían usarse muestras probabilísticas. La mayor parte de las veces, las investigaciones experimentales utilizan muestras dirigidas porque, como se comentó, es difícil manejar grupos grandes o múltiples casos (debido a ello se ha insistido en que, en los experimentos, la validez externa se consolida mediante la repetición o reproducción del estudio). Las investigaciones no experimentales descriptivas o correlacionales-causales deben emplear muestras probabilísticas si quieren que sus resultados sean generalizados a la población con certeza (Hernández Sampieri, 2018, p.217)

Además, el cálculo de la muestra puede ser obtenido, en las condiciones actuales del desarrollo tecnológico, a través de la automatización ofrecida por herramientas de Inteligencia Artificial, considerando para cada caso los componentes de las fórmulas requeridos.

Capítulo III
Instrumentos de *medición* de datos

3. Cuestiones generales

En este cap., se presentan los instrumentos de *medición cuantitativa* de los datos con los cuales se pretende dotar a las variables de contenido empírico que las signifique. En este sentido, se articula una caracterización general de estos instrumentos, así como la clasificación más corriente empleada en la bibliografía.

3.1 Características de los instrumentos de medición en estudios cuantitativos

El diseño de los instrumentos de *medición* en los estudios cuantitativos *estructurados*, tal como se ha visto en el Tomo I, Sección II, Parte I, se deduce –secuencialmente– de las fases previas del proceso de investigación, consistentes en la definición teórico-conceptual y operacional de las variables, así como de la delimitación del nivel de comprensión del estudio:

> Una vez realizado el plan de la investigación y resueltos los problemas que plantea el muestreo, empieza el contacto directo con la realidad objeto de la investigación o trabajo de campo. Es entonces cuando se hace uso de las técnicas de recolección de datos, que son las distintas formas o maneras de obtener la información (Stracuzzi et al., 2006, p.126).

En resumidas cuentas, el instrumento consuma la articulación del marco teórico y metodológico del diseño proyectivo de la investigación y, en sí, es el corolario del proceso de operacionalización y categorización de variables.

Tabla 1. Operacionalización y categorización de variables

Variables	Dimensiones	Definición operacional	Indicadores	Categorías	Valores
Salud Mental	Depresión	Medido a través de la Escala de Depresión del Centro de Estudios Epidemiológicos (CES-D).	Puntuación CES-D	Sin depresión, Depresión leve, Depresión moderada, Depresión severa	0-15, 16-20, 21-25, 26+
Factores de Riesgo	Estrés	Medido a través de la Escala de Estrés Percibido (PSS).	Puntuación PSS	Bajo, Medio, Alto	0-13, 14-26, 27-40
Factores de Riesgo	Soledad	Medido a través de la Escala de Soledad de UCLA.	Puntuación de Soledad	Bajo, Medio, Alto	20-34, 35-49, 50-80
Factores Protectores	Apoyo social	Medido a través de la Escala de Apoyo Social Multidimensional (MSPSS).	Puntuación MSPSS	Bajo, Medio, Alto	1-2.9, 3-4.9, 5-7

Fuente: elaboración propia (2024)

Por ejemplo, si se tomara como variable la "salud mental" de *x* UA, podría obtenerse una cierta operacionalización de variables[9] (véase Tabla 1), en la que se subraya el papel fundamental de la "definición operacional" en la selección de instrumentos de medición confiables y validados:

a) La *confianza* se refiere al grado en el que su aplicación a las unidades de análisis produce resultados idénticos.
b) La *validez* denota el grado en que un instrumento mide de manera satisfactoria a las variables, trazando una equivalencia con los indicadores empíricos: se clasifica según se identifique la validez de:
    I.   *Contenido*: en la que cobra relevancia la extensión de dominio de la variable, en términos de representación y exhaustividad.
    II.   *Criterio*: resulta de la aplicación de un instrumento

---

[9] Se omiten en ellas la "definición conceptual".

que logra predecir o correlacionar los resultados obtenidos con un criterio externo considerado como un estándar objetivo o una medida verdadera del concepto que se está evaluando. Por ejemplo, si se diseña un nuevo examen de contenidos a estudiantes de matemáticas, la validez de criterio implicaría administrarlo en una cohorte actual y, más tarde, comparar los resultados con los obtenidos en una próxima cohorte a la que se le ha aplicado el examen usualmente empleado: si se encontrara una correlación significativa entre las puntuaciones obtenidas por ambos instrumentos, esto proporcionaría evidencia de validez de criterio para el examen.

III. *Constructo*: en este caso "se refiere a qué tan bien un instrumento representa y mide un concepto teórico (Babbie, 2017; Johnson y Morgan, 2016; The SAGE Glossary of the Social and Behavioral Sciences, 2009d y Sawilowsky, 2006). A esta validez le concierne en particular el significado del instrumento, esto es, qué está midiendo y cómo opera para medirlo. Integra la evidencia que soporta la interpretación del sentido que poseen las puntuaciones del instrumento (Messick, 1995)" (Hernández Sampieri, 2018, p.232). La validez de constructo requiere que las mediciones de la variable se correlacionen con la teoría, lo que enfatiza la dependencia del instrumento en cuanto deducido del supuesto paradigmático, teoría general y sustantiva del marco teórico.

IV. *Expertos*: la *face validity* acude al consenso comunitario respecto de las mediciones satisfactorias que produce el instrumento

Por esto "Mientras que, en la validez, es fundamental la elección de indicadores empíricos adecuados; en la fiabilidad, cobra relevancia la utilización de buenos instrumentos de medición (Babbie, 1996)"

(Ariovich, 2020, p.17).

La *operacionalización* y *categorización* de variables ofrece la posibilidad de incluir, en las definiciones operacionales, los instrumentos de medición que cuentan ya con validez y confiabilidad, o bien, permite *construir* un instrumento, cuya validez y confianza deberá ser probada en sucesivas fases del proceso de investigación. En definitiva, los instrumentos deben ser *objetivos* cuando, por ello, se entiende que en su aplicación la participación del investigador no producirá *sesgos*, lo que requiere de procesos de estandarización en su diseño, aplicación y procesamiento.

Tabla 2. Ejemplo de definición operacional e ítems

Variable	*Definición Operacional*	*Indicadores*	*Categorías*	*Valores*	*Ítems*
Cuidado Transcultural (CT)	Medida a través del cuestionario de Percepción de Comportamientos de Cuidados Humanizados en Enfermería (PCHE) adaptado transculturalmente	Puntuación en el cuestionario PCHE	CT bajo CT medio CT alto	0-33, 34-66, 67-100	1. 2. 3. Etc.

Fuente: elaboración propia (2024)

En la Tabla 2, se observa la incorporación de la columna "Ítems", que representa a las unidades que se utilizarán para medir o evaluar una variable en particular: se trata de las preguntas, afirmaciones o tareas específicas que se emplean en el instrumento para recolectar datos sobre la variable de interés. Cada ítem debe estar diseñado para capturar los niveles (categorías) de la variable, en forma exhaustiva, por lo que su formulación debe ser clara, concreta y relevante para la variable que se está midiendo, con el objetivo de obtener datos válidos y confiables. En la Tabla 2, por ejemplo, la definición operacional propone el uso del cuestionario validado PCHE, entre cuyos ítems se describen: "1. Le hacen sentirse como una persona", "2. Le tratan con amabilidad", "3. Le muestran interés por brindarle comodidad durante su hospitalización", etc.

3.2 Clasificación de los instrumentos

Según el diseño (estructurado o flexible) y el nivel de comprensión de la investigación, los instrumentos pueden clasificarse en cuanto *altamente estructurados, estructurados* y *no estructurados*. Estos últimos, característicos en abordajes cualitativos, serán tratados en el TOMO I, SECCIÓN II, PARTE III. En este sentido, los instrumentos *altamente estructurados* son aquellos que se encuentran ya validados, mientras que los *estructurados* incluyen a aquellos que son diseñados en el contexto de una investigación empírica, deducidos a partir del proceso de *operacionalización* y *categorización* de las variables:

> En los instrumentos estructurados, ya sean estas observaciones, entrevistas o encuestas, entre otros, se caracteriza por que el investigador establece las necesidades relacionadas a la recolección de datos, antes de formular criterios de observación, preguntas de entrevistas o encuestas, ya que su redacción dependerá del método empírico escogido (Babativa Novoa, 2017, p.92).

Los instrumentos se identifican no sólo por el abordaje, sino también en función de la técnica de recolección de datos que se propone en la investigación; con esto, una clasificación preliminar permite establecer el siguiente ordenamiento, restringido al abordaje *cuantitativo*:

Tabla 3. Técnicas e instrumentos de recolección de datos

Técnica	*Instrumento*
Observación directa no participante sistemática	Lista de cotejo (*check list*) Guía de observación Grabador
Cuestionario	Encuesta
Escala de actitudes y opiniones	Escala de Likert Diferencial semántico

	Escala de Guttman
Análisis de contenido	Hoja de codificación
Test o prueba	Hoja de test

Fuente: elaboración propia (2024)

3.2.1. *Observación directa no participante sistemática*: la observación directa y sistemática de las unidades de análisis se diferencia de la *observación en la vida cotidiana*, debido a que la *observación científica* pude comprenderse:

> retomando las palabras de Cardoso de Oliveira (1996) para referirse al trabajo antropológico, como una forma de observación disciplinada, y esto en un doble sentido: disciplinada en cuanto caracterizada por la sistematicidad y la constancia, una práctica que se atiene a ciertas reglas y procedimientos, y disciplinada en la medida en la que está orientada teórica y metodológicamente por las disciplinas científicas, en el marco de las cueles adquiere un sentido específico que a su vez es producto de consensos más o menos generalizados acerca de las reglas, procedimientos de acción y perspectivas teóricas que la guían (Piovani, J., Marradi, A., Archenti, N., 2007, p.192)

En este libro, se interpreta a la *observación científica disciplinada* en cuanto determinada por una "carga teórica", producto de cierto marco paradigmático o epistémico antecedente (véase cap., II., TOMO I, SECCIÓN I, PARTE I).

La observación *indirecta* es aquella que se practica, en actitud deferencial, adhiriendo a las observaciones realizadas por otros testigos (véase cap., III., TOMO I, SECCIÓN I, PARTE I), mientras que la observación *directa* puede ser *controlada* (cuando se trata de diseños experimentales en *laboratorio*) o *no controlada* (cuando se refiere a diseños observacionales en *campo*). Además, la bibliografía determina diseños de observación estructurada y no estructurada, según el grado de sistematicidad y estandarización de los instrumentos empleados; de observación retrospectiva, al observar fenómenos pasados y de observación mediada o no mediada, según se utilicen instrumentos técnicos (telescopio, mapa o microscopio).

3.2.1.1. Debido a que la *observación* es útil a los fines de examinar prácticas, conductas o comportamientos, uno de los instrumentos con mayor estructuración es la *lista de cotejo*, que se emplea para registrar la presencia o ausencia de comportamientos específicos, acciones o características durante una observación: consiste en una lista de ítems previamente definidos que el observador marca cuando tienen lugar en la situación observada.

3.2.2. *Cuestionario*: se trata de una técnica de recopilación de datos acerca de los intereses, creencias/opiniones o saberes (contenidos cognitivos o emotivos) de las unidades de análisis, que se incorporó al campo de la investigación científica hacia la década de 1940:

> Dentro del campo de la psicología social comenzó a utilizarse con mayor frecuencia en los estudios sobre la Segunda Guerra mundial, cuando se llevaron a cabo importantes investigaciones entre las que se destaca la clásica obra dirigida por Samuel Stouffer (*El soldado americano*), basada en entrevistas a más de medio millón de soldados estadounidenses. En la Universidad de Columbia a partir de 1940, adquirió desarrollo y predominio la investigación social aplicada basada en encuestas en el campo de la sociología y los estudios de comunicación a través de los trabajos de Paul Lazersfeld (1944, 1954). Durante esa década se crearon en Estados Unidos centros de investigación orientados a estudios cuantitativos basados en la 'tecnica de encuesta, como el *National Opinion Research Center* (1941) y el *Survey Research Center* de Michigan (1946), y a partir de la década siguiente proliferaron las investigaciones académicas basadas en sondeos (Piovani, J., Marradi, A., Archenti, N., 1992, p.203)

El uso predominante de cuestionarios en la investigación social norteamericana se relaciona, presumiblemente, con las controversias a propósito de la posibilidad de cuantificar los contenidos cognitivos de la consciencia, y en particular, con los debates epistémico-metodológicos sobre los *alcances* de la investigación social, en términos de *explicación* o *comprensión*.

El cuestionario consiste en un conjunto de ítems estandarizados diseñados para mediar una variable de interés (una o más de una pregunta por cada variable); pueden ser *autoadministrados*,

administrados por entrevistadores o *en línea*, a la vez que pueden poseer, según el grado de estructuración:
   a) *Preguntas cerradas*: presentan categorías previamente establecidas con opciones *dicotómicas*, en las que el encuestado debe escoger entre sólo dos alternativas absolutas, o *dicotómicas*, en las que se ofrecen más de dos alternativas de respuesta. En otros casos, es posible el uso de *escalas* de valores, que pretenden valorar la intensidad de la variable.
   b) *Preguntas abiertas*: no ofrecen alternativas al encuestado, por lo que el número de categorías a relevar es ilimitado.

La diferencia entre el uso de uno u otro tipo de preguntas obedece a los recursos temporales vinculados al procesamiento de datos, así como al *alcance* de la investigación, de tal que en estudios exploratorios suela optarse por entrevistas abiertas y no directivas. En lo que respecta al procesamiento: "Siempre que se pretenda efectuar análisis estadístico se requiere codificar las respuestas de los participantes en las preguntas del cuestionario, y debemos recordar que esto significa asignarles símbolos o valores numéricos, y que cuando se tienen preguntas cerradas es posible codificar a priori o precodificar las opciones de respuesta e incluir esta precodificación en el cuestionario" (Hernández Sampieri, 2018, p.257).

3.2.3. *Escalas de medición*: se emplean para medir la intensidad (alta/baja) o dirección (positivo/negativa) de una variable y se emplean, en investigación social, para medir *actitudes*, en términos de comportamiento de la unidad de análisis respecto de cierto objeto. La bibliografía consensua el uso de tres escalas:
   a) *Likert*: consiste en la presentación de ítems (en forma de enunciados declarativos), ante los que se solicita la reacción de los participantes, según su actitud: "Muy de acuerdo" o "Totalmente de acuerdo", "De acuerdo", "Ni de acuerdo, ni en desacuerdo" o "Neutral", "En desacuerdo", "Muy en desacuerdo" o "Totalmente en desacuerdo", etc. El número de categorías debe ser idéntico para todas las afirmaciones que midan la variable, en el mismo nivel de jerarquía: "Las

puntuaciones de las escalas Likert las obtienes sumando los valores alcanzados respecto de cada frase. Por ello se denomina escala aditiva; o bien, promediándolos" (Hernández Sampieri, 2018, p.279).

b) *Diferencial semántico*: con la finalidad de medir *actitudes*, se trata de una técnica utilizada en investigación psicológica y social y consiste en una serie de pares de adjetivos que representan extremos opuestos de una dimensión evaluativa, puntuados en una escala de 1 y 7, -3 y 3 puntos, 5 o 3 opciones. Las unidades de análisis, de esta suerte, indican su posición subjetiva en la escala al marcar un punto entre los dos extremos que mejor refleje su opinión o actitud. Por ejemplo, en un estudio que evalúa la calidad de los cuidados, puede solicitársele al sujeto de investigación su opinión, en una escala que establezca las siguientes opciones:

Opción de respuesta 1								Opción de respuesta 2
Frío	☐	☐	☐	☐	☐	☐	☐	Cálido
Indiferente	☐	☐	☐	☐	☐	☐	☐	Empático
Profesional	☐	☐	☐	☐	☐	☐	☐	Amable
Inseguro	☐	☐	☐	☐	☐	☐	☐	Seguro

Fuente: elaboración propia (2024)

c) *Escalograma de Guttman*: al igual que sucede con Likert, en este caso, presenta los enunciados declarativos mismos con un nivel creciente de la característica que se está midiendo. Por ejemplo, si se deseara medir la ansiedad social, podría generarse el siguiente ítem:

1	Me siento incómodo al hablar en público.
2	Me preocupa que los demás me juzguen.
3	Evito situaciones sociales nuevas.
4	Me siento ansioso al interactuar con personas desconocidas.
5	Me cuesta hacer amigos nuevos.
6	Me preocupa cometer errores frente a los demás.
7	Siento que los demás me están observando constantemente.

3.2.3. *Análisis de contenido cuantitativo*: es utilizado, preferentemente, en estudios de análisis documental que examinan textos, discursos o medios de comunicación con fuentes de datos cualitativos. En este sentido, requiere de:
a) *Fase de codificación*: con la finalidad codificar identificar las variables y sus posibles categorías.
b) *Fase de cuantificación*: utiliza técnicas estadísticas para analizar los datos codificados y extraer patrones, tendencias o relaciones, lo que puede incluir herramientas tanto de estadística descriptiva como inferencial.

3.2.4. *Test o pruebas estandarizadas*: son instrumentos de evaluación diseñados para *medir* aspectos procedimentales, actitudinales, cognitivos o características específicas de una población. Los ejemplos más usuales incluyen el Test de Cociente Intelectual (CI), el Wechsler Intelligence Scale for Children (WISC) o el Wechsler Adult Intelligence Scale (WAIS), el Test de Aptitud Académica (TOEFL), y pruebas de personalidad como el Inventario de Personalidad NEO (NEO-PI) o el Inventario de Personalidad Multifásico de Minnesota (MMPI). Estas pruebas se aplican en diversos contextos de evaluación: educación, salud (en psicología clínica) o selección de personal.

En este cap., se han abordado las características y clasificación más usual de las técnicas e instrumentos de *medición* del abordaje cuantitativo, con los que se consuma la articulación entre las fases de elaboración teórica y metodológica de la investigación. De este modo, en el próximo cap., se sintetizan los procedimientos más usuales de análisis de datos cuantitativos, a partir de las herramientas provistas por la estadística.

Capítulo IV
Procesamiento y análisis de datos cuantitativos

4. Cuestiones generales

En este cap., realizado en coautoría con N.L La Ferraro, se presentan los instrumentos de *medición cuantitativa* de los datos con los cuales se pretende dotar a las variables de contenido empírico que las signifique. En este sentido, se articula una caracterización general de estos instrumentos, así como la clasificación más corriente empleada en la bibliografía.

4.1. Caracterización general del procesamiento

4.1.1. *Matriz de datos*: Según Galtung (1966) "Se obtienen datos sociológicos cuando un sociólogo registra hechos acerca de algún sector de la realidad social o recibe hechos registrados para él" (p.1), a la vez que presenta una estructura tripartita por la cual: *el dato consiste en una unidad de análisis que en una variable asume un valor* (véase Tabla 4). De aquí que "en función de estas dos ideas básicas – registro y estructura tripartita– se fue desarrollando la noción de la 'matriz de datos' que con el correr de los años se fue convirtiendo en el recurso central en el registro y posterior procesamiento de datos" (Pérez Lalanne, 2016, p.317).

En la Tabla 4, se observa la distribución de:
a) Las *unidades de análisis* (UA) en las *filas*: la lectura horizontal de las UA es *cualitativa* y permite construir perfiles, en función de las variables.
b) Las *variables, indicadores o ítems* (V/IN/IT) en las *columnas*: la lectura vertical es *cuantitativa* y permite realizar análisis *estadísticos descriptivos univariados*[10].
c) Los *valores* de b) en las celdas: posibilitan una lectura

---

[10] La estadística descriptiva o análisis exploratorio de datos nos permite organizar y describir los datos de la muestra, utilizando tres herramientas: tabla de frecuencias, gráficos y estadísticos.

cuantitativa combinada de las *variables* en orden a realizar análisis *bivariados* o *multivariados*, a través de *estadística inferencial*, por la cual se establecen correlaciones o relaciones de causalidad[11].

Tabla 4. Estructura de matriz de datos

UA	V/IN/ÍT 1	V/IN/ÍT 2	V/IN/ÍT 3	V/IN/ÍT 4	V/IN/ÍT 5
1	0	3	1	2	1
2	7	6	7	2	1
3	5	7	8	4	0
4	3	0	7	4	0
5	2	1	0	2	2
6	1	3	3	4	3
7	0	4	2	7	3
8	3	5	1	5	4
9	5	7	0	2	7
10	4	0	2	1	1

Fuente: elaboración propia (2024)

En el caso de la Tabla 4, esto significaría, por ejemplo, que la UA5 ha seleccionado la opción 2 del ítem que mide a V/IN/IT – 1. La matriz de datos sintetiza la correspondencia entre el orden teórico-abstracto (representado por las *variables*, conceptualmente definidas) y el orden empírico (expresado en los *valores* que asumen los indicadores), presentes en las UAs; en este sentido, todas las *unidades de análisis* deben ser comparables, en los términos en que es supuesto el haberse aplicado en ellas el mismo número de variables a medir.

4.1.2. *Tabulación*: con el diseño completo de la *matriz* es posible organizar los datos en tablas, según se intenten realizar análisis *univariados, bivariados* o *multivariados*. Tabular, por tanto, implica presentar los datos en filas y columnas, en que cada fila representa una

---

[11] La estadística inferencial permite realizar *predicciones* o *generalizaciones* sobre la población a partir de los datos obtenidos de la muestra; se obtienen estas inferencias realizando test de hipótesis.

entrada de datos y cada columna a V/IN/IT,

4.1.2.1. *Tablas univariadas*: permiten organizar la lectura de los datos de las categorías de una sola variable, lo que significa que solo se analiza una característica o variable a la vez. Por ejemplo, en un estudio de N. L. La Ferraro (2022) sobre la relación entre el *grado de reconocimiento de micromachismos* (Bonino Méndez, 1991) *y la valoración subjetiva de la autoestima* (Rosenberg, 1965*) de mujeres adultas cisgénero* que residen en el AMBA[12], en el año 2022, se obtuvo la siguiente distribución de frecuencias, relativas a la *ocupación*:

Tabla 5. Ocupación de las mujeres adultas cisgénero en el año 2022

Ocupación	*f*	*fr*	%
Solo trabajo	33	0.52	52.4 %
Trabajo y estudio	25	0.39	39.7 %
No trabajo actualmente	3	0.04	4.8 %
Solo estudio	2	0.03	3.2 %
Total	63		100%

Fuente: Elaboración propia (2022)

---

[12] El AMBA es la zona urbana común que conforman la CABA y los siguientes 40 municipios de la Provincia de Buenos Aires: Almirante Brown, Avellaneda, Berazategui, Berisso, Brandsen, Campana, Cañuelas, Ensenada, Escobar, Esteban Echeverría, Exaltación de la Cruz, Ezeiza, Florencio Varela, General Las Heras, General Rodríguez, General San Martín, Hurlingham, Ituzaingó, José C. Paz, La Matanza, Lanús, La Plata, Lomas de Zamora, Luján, Marcos Paz, Malvinas Argentinas, Moreno, Merlo, Morón, Pilar, Presidente Perón, Quilmes, San Fernando, San Isidro, San Miguel, San Vicente, Tigre, Tres de Febrero, Vicente López, y Zárate.

4.1.2.1.1. Distribución y tipo de frecuencias: las *frecuencias absolutas (f)* indican el número total de veces con que se da un determinado valor; en la Tabla 5, por ejemplo, 33 veces las mujeres adultas cisgénero afirmaron trabajar. Por su parte, las *frecuencias relativas (fr)* representan, por su parte, la proporción de veces que ocurre un determinado valor o categoría en relación con el número total de observaciones; en este sentido, se obtiene al dividir *f* por el tamaño total del conjunto de datos, en tanto el *porcentaje (%)*, implica multiplicar por 100 cada una de las *fr*.

4.1.2.1.2. *Gráficos*: se trata de recursos que contribuyen a la representación visual de datos y a identificar patrones, tendencias y relaciones no identificadas en las tablas:

> Para las variables cualitativas y para las variables cuantitativas discretas, podemos utilizar gráficos de tortas o de barras. Las variables cuantitativas continuas, en cambio, debemos graficarlas a través de gráficos de superficie, como los histogramas o los polígonos de frecuencias (Ariovich, 2020, p. 25)

En síntesis, los gráficos que representan a variables cualitativas son:
a) Gráfico de barras.
b) Gráfico circular o de torta.

Los gráficos que representan variables cuantitativas son:
a) Gráfico de barras.
b) Histograma.
c) Box plot.

Gráfico A. Histograma de la variable *Edad*

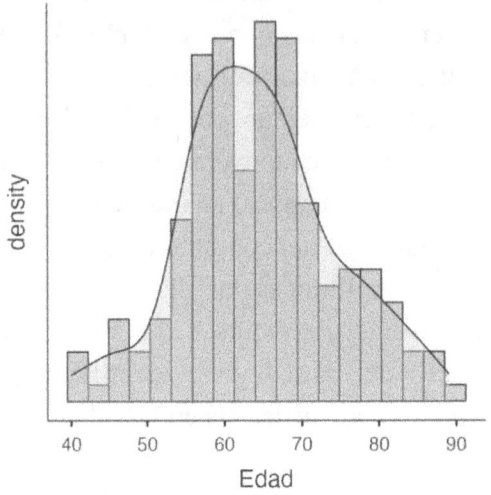

Gráfico B. Gráfico de cajas de la variable *Edad*

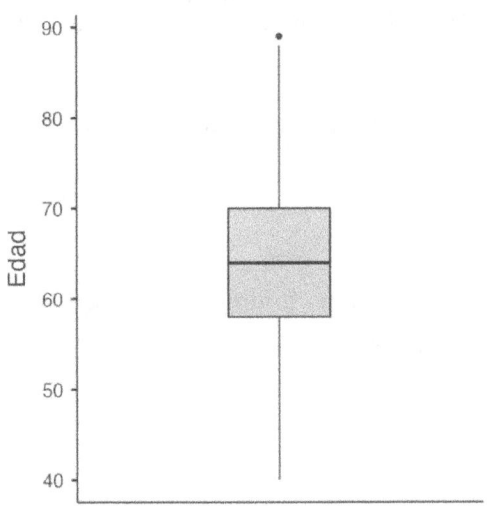

4.1.2.1.3. *Medidas de tendencia central*: se refieren a los valores medios de la distribución de frecuencias:
   a) *Moda*: es la categoría, puntuación o intervalo que ocurre con mayor frecuencia. En la Tabla 5, se referiría a las 33 mujeres adultas cisgénero que sólo trabajan.
   b) *Mediana*: es el valor que divide, en niveles de medición

ordinal, de intervalo y razón, la distribución exactamente por la mitad. Para obtenerla, se lleva a cabo el siguiente procedimiento: se ordenan los datos en forma ascendente o descendente, de modo que, si el número de datos es impar, la mediana es el valor que se encuentra en la posición central de la secuencia. En cambio, si el número de datos es par, la mediana es el promedio de los dos valores que se encuentran en las posiciones centrales.

c) *Media*: se define como el promedio aritmético de una distribución, obteniéndose por la suma de todos los valores de la distribución de la variable y la división entre el número total de casos: sólo se aplica a mediciones por intervalo o de razón, ya que carece de sentido aplicarla en mediciones de variables cualitativas

4.1.2.1.4. *Medidas de variabilidad o dispersión*: describen el grado de dispersión o extensión de los datos en un conjunto de datos, esto es, indican cuánto se separan los valores de los datos del valor central (como la media) y entre sí. Las principales medidas de variabilidad incluyen:

a) *Rango*: consiste en la diferencia entre el valor máximo y el valor mínimo en un conjunto de datos. En la Tabla 5, el valor mínimo es 2 y el valor máximo es 33, por lo que el rango sería: 33−2 = 31. Esto significa que los valores de la variable varían entre 2 y 33.

b) *Varianza*: representa la media de las diferencias al cuadrado entre cada punto de datos y la media de los datos y se calcula sumando los cuadrados de las diferencias entre cada punto de datos y la media, y luego dividiendo esta suma por el número total de puntos de datos.

c) *Desviación estándar*: mide la dispersión o la variabilidad de un conjunto de datos con respecto a su media. Se calcula tomando la raíz cuadrada de la varianza. Cuanto mayor sea la desviación estándar, mayor será la dispersión de los datos alrededor de la media.

4.1.2.1.5. Medidas descriptivas de resumen: proporcionan un resumen rápido y comprensible de las características principales de un conjunto de datos:

a) *Razón*: se refiere al cociente entre dos valores correspondientes a dos categorías y expresa una relación de tamaño entre una y otra. Por ejemplo, en la Tabla 5 la frecuencia de las mujeres *cis* que "sólo trabajan" es 33 y la de aquellas que trabajan y, además, estudian es 25. Entonces:

$$\text{Razón} = \frac{33}{25} = 1{,}32$$

Por tanto, por cada persona que "trabaja y estudia", hay 1,32 personas que "solo trabajan". El numerador es la frecuencia de las personas que "solo trabajan" y el denominador es la frecuencia de las personas que "trabajan y estudian". Si se realizara el cálculo por razón inversa

$$\text{Razón} = \frac{25}{33} = 0{,}76$$

Se obtendría que, por cada persona que "trabaja y estudia", hay 0,76 personas que "solo trabajan". La razón y la razón inversa son recíprocas entre sí, es decir, que se obtienen al invertir los términos de la fracción.

b) *Proporción*: "es un cociente en el que las unidades de observación que figuran en el numerador están incluidas en el denominador; constituye una comparación cuantitativa entre la parte y el todo" (Ariovich, 2020, p.27). En la Tabla 5, para obtener la proporción de personas que "solo trabajan", se divide la frecuencia de esa categoría entre el total de unidades de análisis que constituye la muestra.

$$\text{Proporción} = \frac{33}{63} = 0{,}52$$

La proporción de personas que "solo trabajan" es 0,52. Esto significa que el 52% de las personas de esta muestra "solo trabajan".

c) *Tasa*: implica asumir la definición de *proporción*, añadiendo las dimensiones de tiempo y de espacio: "Toman todos los casos de un evento, pertenecientes a una población total, en un lugar y período determinados; además, se multiplican por una constante (10 o múltiplos de 10) para facilitar la comparación de tasas de poblaciones diferentes (aunque estas sean de diferente tamaño)" (Ariovich, 2020, p.27)

Por ejemplo, el análisis de la tasa de mortalidad específica por COVID-19 en Argentina, Brasil y Chile, en el período 2020-2022 (Tabla 6) permite conocer que, mientras Argentina lograba reducir en forma significativa la tasa de mortalidad por COVID-19 a 283,5 muertes por millón de habitantes en 2022, Brasil (977) presentaba una tasa aún mayor que en 2020 (923), observándose una reducción significativa con respecto a 2021 (2.004). En el caso de Chile, pese a la eficiente campaña de inmunización y a la elevada adhesión de la "población objetivo" al calendario, la tasa de mortalidad se mantenía elevada, en 634 muertes por millón de habitantes.

Tabla 6. Tasa de mortalidad específica por COVID-19 por millón de habitantes (2020, 2021, 2022)

	Argentina			Brasil			Chile		
	2020	2021	2022	2020	2021	2022	2020	2021	2022
Población		45.376.763			211.756.000			19.107.000.	
N° de fallecidos	43245	73924	12865	195541	424262	206890	16608	22720	12121
Tasa de mortalidad	953.02	1629.11	283.51	923.42	2003.54	977	869.21	1189.09	634.37

Fuente: elaboración propia (2022) a partir de datos de OWID (2022)

En este caso, para obtener la tasa de mortalidad específica por COVID-19 por millón de habitantes, se ha realizado la siguiente operación, para cada país:

$$\text{Tasa} = \frac{43.245}{45.375.763} \cdot 1.000.000 = 953$$

4.1.1.1.6. *Estadísticos de posición*: los cuartiles, deciles y percentiles permiten dividir un conjunto de datos en partes iguales o proporcionales, con el fin de entender su distribución y ubicar un valor dentro de ese conjunto de datos en relación con el resto.

   a) Cuartiles: dividen un conjunto de datos en cuatro partes iguales, cada una representando el 25% (o un cuarto) del total de los datos.
   b) Deciles: dividen un conjunto de datos en diez partes iguales, cada una representando el 10% del total de los datos.
   c) Percentiles: dividen un conjunto de datos en cien partes iguales, cada una representando el 1% del total de los datos.

4.1.2.2. *Tablas de contingencia*: también llamadas *tablas de doble entrada* o *tablas de contingencia cruzada* presentan la distribución conjunta de dos o más variables categóricas, a partir de una ordenación que consta de filas, en las que se representan las variables, y columnas, en las que se representa a la otra variable: "Convencionalmente, la variable que temporal y lógicamente antecede va en las columnas, mientras que la otra que resulte posterior, en las filas" (Pérez Lalanne, 2016, p.327).

Las tablas de contingencia permiten examinar las relaciones entre las variables categóricas y analizar, por medio de *estadística inferencial*:

   a) Las posibles correlaciones o asociaciones en términos de dependencia o independencia entre las variables
   b) La *generalización* de los datos de la *n* a *N*. Con este último propósito, es preciso calcular las estadísticas de la población (parámetros), a partir de los datos de la muestra (estadígrados)

4.1.2.2.1. *Prueba de hipótesis*: la *generalización* (b) de la hipótesis a la población, a partir de los datos obtenidos en la muestra, requiere que se haya establecido un muestreo probabilístico correcto, un procesamiento de datos adecuado y una selección de las pruebas estadísticas pertinente. En este sentido, es preciso distinguir entre *análisis paramétricos*, en los que se utilizan variables cuantitativas de intervalo y razón; y, *análisis no paramétricos*, que emplean variables nominales u ordinales.

Así, con respecto a los primeros, las pruebas más usuales son:

a) *Coeficiente de correlación de Pearson y regresión lineal*: los coeficientes pueden presentar una *dirección positiva*, en la que las dos variables aumentan sincrónicamente. Por ejemplo: *a mayor/menor x mayor/menor y*); mientras que, si la dirección es *negativa*, una variable aumenta mientras que la otra disminuye: *a mayor x, menor y*. Los coeficientes varían de -1.00 a 1.00:

-0.90 = Correlación negativa muy fuerte.
-0.75 = Correlación negativa considerable.
-0.50 = Correlación negativa media.
-0.25 = Correlación negativa débil.
-0.10 = Correlación negativa muy débil.
0.00 = No existe correlación alguna entre las variables.
0.10 = Correlación positiva muy débil.
0.25 = Correlación positiva débil.
0.50 = Correlación positiva media.
0.75 = Correlación positiva considerable.
0.90 = Correlación positiva muy fuerte.
1.00 = Correlación positiva perfecta (Hernández Sampieri, 2018, p.346)

El coeficiente de *correlación de Pearson* prueba la correlación lineal entre dos variables cuantitativas, sin establecer causalidad. Por el contrario, la *regresión lineal* es una extensión del coeficiente de Pearson, aunque permite determinar correlaciones y causaciones entre variables dependientes e independientes

b) *Prueba t*: también conocida como la prueba *t de Student*, determina si hay una diferencia significativa entre las medias de dos grupos, lo que contribuye a establecer las diferencias entre estos, en términos de variabilidad y tamaño. Presuponen, eventualmente, una *variable contextual comparativa*, en la que se comparan dos grupos, o bien, el muestreo dirigido de dos grupos aleatorizados en un experimento (grupo control y grupo experimental).

c) *Prueba de contraste de la diferencia de proporciones*: este test permite explicitar la diferencia entre dos proporciones en dos muestras independientes, a fin de comparar la proporción de éxito (o eventos de interés) entre dos grupos diferentes.

d) *Análisis de varianza unidireccional* (ANOVA): es una extensión de la prueba *t de Student*, que compara las medias de solo dos grupos. El ANOVA permite determinar si al menos una de las medias es significativamente diferente de las demás y determinar, por tanto, si hay diferencias entre los grupos, en relación con la variable de interés.

Por otro lado, las pruebas de análisis *no paramétricos* incluyen:

e) *Chi-cuadrado* (χ^2): permite determinar la presencia de una asociación significativa entre *dos* variables categóricas (nominales u ordinales en una población, calculándose por medio de tablas de contingencia

f) *Phi* (φ): en tablas de contingencia 2x2, calcula la correlación entre variables ordinales reducidas a dos categorías; el coeficiente varía de 0 a 1.

4.1.3. *Presentación de resultados*: la lectura de los datos procesados y tabulados requiere de una ordenación adecuada según:

a) Los objetivos de la investigación: por este motivo, vale suponer que el conjunto de las tablas se agrupará en función de los objetivos específicos formulados

b) Las tablas deben estar acompañadas por su correspondiente análisis e interpretación. Sin embargo, usualmente se diferencia el reporte de datos (inclusión de tablas y análisis), separándose un apartado completo titulado "Discusión y comentario" para establecer el dialogo de los datos con el marco teórico.

La presentación requiere de claridad, pero, en términos fundamentales, supone contestar a los objetivos y determinar la confirmación o rechazo de las correlaciones o hipótesis planteadas, en caso de haber sido propuestas.

Como se ha visto, la investigación cuantitativa supone la secuencialidad en las fases en su proceso de elaboración, de modo tal que los resultados logrados sean inteligibles (por efecto de la triple estructura del dato), deduciéndose así del *marco teórico*, así como de los métodos y técnicas empleados para su recolección.

La investigación cuantitativa reduce la realidad de los hechos a un proceso de metrización que, pese a presentar ciertas ventajas en lo que respecta al *alcance* explicativo de la relación causal entre hipótesis, carece de una *comprensión intensiva* de los fenómenos que aborda. Por este motivo, en el TOMO I, SECCIÓN II, PARTE III, se presentan los aspectos más generales de la investigación cualitativa, con la que se tiene a bien *comprender* el significado de los fenómenos sociales.

BIBLIOGRAFÍA

Ariovich, A. (2020). *Elementos básicos para el procesamiento, el análisis y la interpretación de la información estadística en salud.* Ediciones UNGS.

Babatina Novoa, C. (2017). *Fundación Universitaria del Área Andina.* Bogotá: Fundación Universitaria del Área Andina.

Collete, J. (1985). *Historia de las matemáticas.* México: Siglo XXI.

Durkheim, E. (1997). *Las reglas del método sociológico.* México D.F.: Fondo de Cultura Económica.

Galtung, J. (1966). *Teoría y Método de la Investigación Social.* Buenos Aires: Eudeba.

Hernández Sampieri, R., & Mendoza Torres, C. (2018). *Metodología de la investigación: las rutas cuantitativa, cualitativa y mixta.*

Husserl, E. (1962). *Ideas relativas a una fenomenología pura y una filosofía fenomenológica I.* México-Buenos Aires: FCE.

_____. (2009). *La crisis de las ciencias europeas y la fenomenología trascendental.* Buenos Aires.

Ingenieros, J. (1924). *Principes de Psychologie Biologique.* Paris: Librairie Félix Alcan.

_____. (1956). *La simulación en la lucha por la vida.* Buenos Aires: Elmer.

_____. (1988). *Sociología argentina.* Buenos Aires: Hyspamérica.

_____. (2003). *El hombre mediocre.* Buenos Aires: Ediciones Libertador.

Laso, R. (2000). Psicoanálisis y epistemología. En E. Díaz (Ed.), *La posciencia* (pp. 303-328). Buenos Aires: Biblos.

Nkogo Ondó, E. (2010). *Le génie des Ishango: Synthèse systématique de la philosophie africaine.* París: Editions du Sagittaire.

Pardo, R. (2000). Verdad e historicidad. El conocimiento científico y sus fracturas. En E. Díaz (Ed.), *La posciencia* (pp. 37-62). Buenos Aires: Biblos.

Piovani, J., Marradi, A., & Archenti, N. (2007). *Metodología de las ciencias sociales.* Buenos Aires: Emecé.

Rossi, L. (2001). *Psicología: su inscripción universitaria como profesión. Una historia de discursos y de prácticas.* Buenos Aires: EUDEBA.

Samaja, J. (2015). *Epistemologías y metodología.* Eudeba.

Soler, R. (s.f.). *El positivismo argentino.* Paidós.

Stracuzzi, S., & Martins Pestana, F. (2006). *Metodología de la investigación cuantitativa.* FEDUPEL.

Talak, A. (2010). Adaptación: usos psicológicos de un concepto biológico en la obra de José Ingenieros. En *II Congreso Internacional de Investigación y Práctica Profesional en Psicología XVII Jornadas de Investigación VI Encuentro de Investigadores en Psicología del MERCOSUR.* Facultad de Psicología. Universidad de Buenos Aires, Buenos Aires.

Vermeren, P. (1998). Positivismo y ciudadanía: José Ingenieros y la constitución de la ciudadanía por la ciencia y la educación en la Argentina. *Anuario de Filosofía Argentina y Americana*, 15, 61-78.

Villaseñor, S. (s.f.). *Antología de textos clásicos de la psiquiatría latinoamericana.* Guadalajara: GLADET.

www.ingramcontent.com/pod-product-compliance
Lightning Source LLC
Chambersburg PA
CBHW051535240526
45471CB00020B/2931